欢迎来到
怪兽学园

_____ 同学，开启你的**探索**之旅吧！

主角人物　阿思　阿麦

献给亲爱的衡衡和柔柔，以及所有喜欢数学的小朋友。

——李在励

献给我的女儿豆豆和暄暄，以及一起努力的孩子们！

——郭汝荣

图书在版编目（CIP）数据

超级数学课 . 4, 乌漆漆森林探险记 / 李在励著；郭汝荣绘. —北京：北京科学技术出版社，2023.12
（怪兽学园）

ISBN 978-7-5714-3349-9

Ⅰ. ①超… Ⅱ. ①李… ②郭… Ⅲ. ①数学—少儿读物 Ⅳ. ① O1-49

中国国家版本馆 CIP 数据核字（2023）第 211739 号

策划编辑：吕梁玉	电　话：0086-10-66135495（总编室）
责任编辑：金可砺	0086-10-66113227（发行部）
封面设计：天露霖文化	网　址：www.bkydw.cn
图文制作：杨严严	印　刷：北京利丰雅高长城印刷有限公司
责任印制：李　茗	开　本：720 mm × 980 mm　1/16
出 版 人：曾庆宇	字　数：25 千字
出版发行：北京科学技术出版社	印　张：2
社　　址：北京西直门南大街 16 号	版　次：2023 年 12 月第 1 版
邮政编码：100035	印　次：2023 年 12 月第 1 次印刷
ISBN 978-7-5714-3349-9	

定　　价：200.00 元（全 10 册）

怪兽学园 超级数学课

4 乌漆漆森林探险记

斐波那契数列

李在励◎著 郭汝荣◎绘

北京科学技术出版社
100 层童书馆

最近，阿麦迷上了怪兽电视台的《大探险》节目，每期节目最后都会给观众们布置一个实地探险的任务。这一期的任务是在神秘的乌漆漆森林里找到线索牌，并解答上面的问题。

怪兽TV
大探险
神秘的乌漆漆森林

这个阳光明媚的周末，阿麦迫不及待地邀请阿思一起走进乌漆漆森林。进入森林后不久，他们就有了重大发现。

一棵高大的老树映入眼帘，阿思一眼就发现了老树下面的树洞，并成功找到了藏在里面的线索牌。

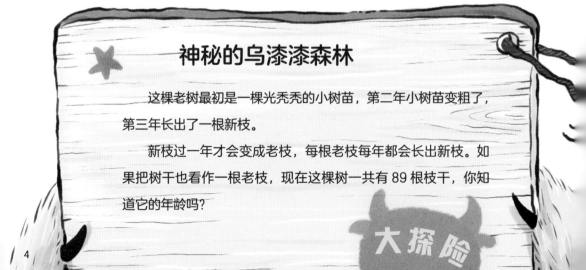

神秘的乌漆漆森林

这棵老树最初是一棵光秃秃的小树苗，第二年小树苗变粗了，第三年长出了一根新枝。

新枝过一年才会变成老枝，每根老枝每年都会长出新枝。如果把树干也看作一根老枝，现在这棵树一共有89根枝干，你知道它的年龄吗？

大探险

阿思和阿麦抬头向上看去，枝叶从下往上越来越茂密，老树
的顶端几乎都看不见了。

"这个问题有点儿难呀，我只知道树的年龄可以通过年轮来判断，但现在要根据枝干的数量来算树的年龄……"原本兴奋的阿麦此刻犯了难。

阿思想了想说："别着急，我们可以从最简单的情况算起，或许能找到规律。这棵老树的第一年和第二年都只有一根主干，第三年长出了一根新枝，因此它有两根枝干。那第四年会怎么样呢？"

"第四年新枝变成老枝，继续长出一根新枝，那一共就有 3 根枝干了。"阿麦哭丧着脸说，"4 年才长了 3 根枝干，长到 89 根枝干需要多少年啊？"

阿思从包里拿出了探险笔记本："咱们还是先记录一下吧，算着算着我都乱了。"

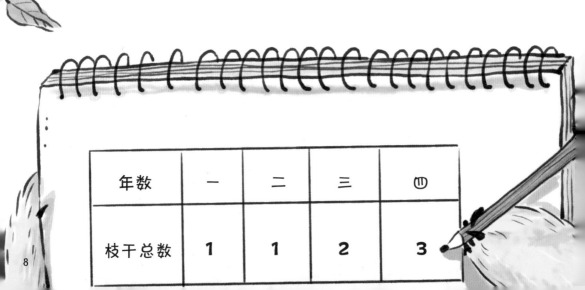

年数	一	二	三	四
枝干总数	1	1	2	3

阿麦看着阿思列的表格，好像又明白了什么："这样写出来，我就能看出第几年长了几根枝干。第四年一共有 3 根枝干，3 加 3 等于 6，第五年应该长到 6 根了吧？"

"不对，不对。"阿思摇了摇头，"第四年的 3 根枝干里，有一根是新枝，新枝在下一年是自己生长，还不能分枝呢。只有两根老枝可以长出新枝，所以第五年应该是 3+2=5，一共有 5 根枝干。"

阿麦似懂非懂地点点头。阿思看出他还是很困惑，于是说道："我重画表格，再加两行，分别记录每年有多少根老枝和多少根新枝，这样你就能看懂了。"

年数	一	二	三	四	五
老枝数量	0	1	1	2	3
新枝数量	1	0	1	1	2
枝干总数	1	1	2	3	5

这一次，阿麦有了新发现："我找到规律了！从第二年起，新枝数量都和前一年的老枝数量一样！"

年数	一	二	三	四	五
老枝数量	0	1	1	2	3
新枝数量	1	0	1	1	2
枝干总数	1	1	2	3	5

年数	一	二	三	四	五
老枝数量	0	1	1	2	3
新枝数量	1	0	1	1	2
枝干总数	1	1	2	3	5

"我也发现规律了！老枝数量又和前一年的枝干总数一样！"阿思激动地说，"老枝数量加上新枝数量是枝干总数。那么，前一年的枝干总数加上再前一年的枝干总数就是当年的枝干总数了！"

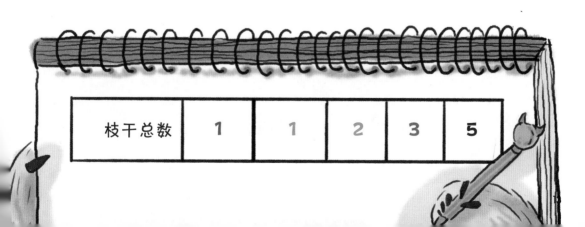

枝干总数	1	1	2	3	5

阿麦开始按照阿思说的规律计算起来："1+1=2，2+1=3，3+2=5，确实像你说的这样，那第六年就应该是 5+3=8，有 8 根枝干了！"

55+34=89（根）

34+21=55（根）

21+13=34（根）

13+8=21（根）

8+5=13（根）

　　阿思一边喃喃自语，一边在探险笔记本上计算：
"8+5=13……第十一年有89根枝干！"

　　"老树啊老树，原来你已经11岁了，要长这么多
枝干还真不容易呢！"阿麦抬头看着老树感叹道。

　　成功解答问题的阿麦和阿思很开心，他们在乌漆漆森林里蹦蹦跳跳地走着，迎面遇上了同样来探险的双胞胎兄弟——米勒和拉吉。他们发现了另一块线索牌：请你在森林里寻找其他植物，它们有和老树的枝干数一样的秘密。

一头雾水的兄弟俩并不知道老树的秘密，他们一直在乌漆漆森林里兜圈子。

阿麦听后连忙说："我们知道那个秘密！1、1、2、3、5、8、13、21、34、55、89……从第三个数开始，每一个数都等于前两个数之和。"

此时的阿思正在努力地思考着：什么植物又跟这些数有关系呢？

他们东看看西看看，发现不远处有一片花丛。"我们去那边
看看吧！"阿思提议。

4个小怪兽来到了花丛边。"粉色！粉色的花！"阿麦最喜
欢粉色，他一口气跑进了花丛深处。"那是波斯菊。"一旁的阿
思说。他的样子像极了多多博士。

"1、2、3……8。"阿麦数着波斯菊的花瓣，"你们快过来！这朵波斯菊有8片花瓣，和老树第六年的枝干数一样！"他向伙伴们大声喊道。

阿思并没有着急，他俯下身，观察着眼前的一朵白色雏菊。"1、2、3……33、34，这朵花的花瓣数和老树第九年的枝干数一样啊。"

34片

34根

1、2、3、4、5……34！

　　"真神奇！我们从来没注意过花朵还藏有这样的秘密。"米勒和拉吉吃惊地说。

　　他们也开始在身边寻找这样的花朵。一路上，4个小怪兽找到了很多这样的花，花瓣数量都是1、3、5、8、13、21、34、55……中的一个。

1、2、3、4、5！

1、2……55！

1、2、3、4、5、6、7、8！

小怪兽们都有点儿累了，他们在一片向日葵前坐了下来。阿思开始整理他的探险笔记。

阿麦则摘下一朵向日葵，打算吃葵花子，而米勒和拉吉正在逗两只小松鼠玩。

　　阿思看看小伙伴，再看看小松鼠，若有所思地说："向日葵和松果上会不会也藏着秘密呢？"阿麦听后，连忙把向日葵举到眼前仔细观察。葵花子排列成一条条螺旋线，这些螺旋线有顺时针旋转的，也有逆时针旋转的。

　　阿思数了数，发现这朵向日葵上顺时针旋转的螺旋线有34条，逆时针旋转的螺旋线有55条，正是那串数中相邻的两个。

　　"真是太神奇了！"阿思和阿麦异口同声地说。

　　米勒和拉吉两兄弟也捡起面前的松果数了起来。松果表面的螺旋线没有向日葵那么多，他们很快就数好了，顺时针旋转的有8条，逆时针旋转的有13条，果然也是那串数中相邻的两个！

8条！

13条！

乌漆漆森林

森林里的探险结束了，阿麦和阿思找到了很多问题的答案，也有很多问题没有解决。"明天上学时把我们的发现告诉校长吧，也许他会告诉我们关于那串数更多的秘密！"阿思对阿麦说。

咔
咔
咔

咔
咔

斐波那契是中世纪意大利的数学家，他在《计算之书》中提出了一个有趣的兔子问题。

"一般而言，兔子在出生两个月后，就有繁殖能力，一对兔子每个月能生一对小兔子。如果所有的兔子都不死亡，且公母数量正好匹配，那么一年能繁殖多少对兔子？"

每个月出生的兔子数量和我们故事中老树的枝干数量一样，即1、1、2、3、5、8、13、21、34、55、89、144……

这样的一组数叫斐波那契数列，也被称为兔子数列，它最大的特点就是从第三个数开始，每个数等于前面两个数之和。除此之外，这个数列从第三个数开始，每隔两个数必是2的倍数；从第四个数开始，每隔三个数必是3的倍数；从第五个数开始，每隔四个数必是5的倍数。这个数列越往后，前一个数与后一个数的比值就越接近黄金分割的比值——约0.618。

嗯